假山·置石·园墙·台阶·花架图例

YUANLIN
JINGGUAN
SHIYONGTULI

骆会欣　编

中国林业出版社

作者简介

骆会欣，《中国花卉报》首席记者，北京林业大学1999届硕士研究生。曾在国家政府机关、园林工程公司任职，2003年入职《中国花卉报》社。多年来一直活跃在园林绿化一线，采写了大量颇具影响力的报道，并多次获得产经新闻奖。

图书在版编目（CIP）数据

假山·置石·园墙·台阶·花架图例 / 骆会欣编. – 北京：
中国林业出版社，2012.5
ISBN 978-7-5038-6586-2

Ⅰ.①假… Ⅱ.①骆… Ⅲ.①园林建筑－中国－图集
Ⅳ.①TU986.4-64

中国版本图书馆CIP数据核字(2012)第090043号

策　划	李　惟　印　芳
责任编辑	李　惟　印　芳　贾培义

出版发行 中国林业出版社(100009　北京市西城区德内大街刘海胡同7号)
电话：(010)83227584
http://lycb.forestry.gov.cn

经　销	新华书店
制　版	北京美光设计制版有限公司
印　刷	北京华联印刷有限公司
版　次	2012年6月第1版
印　次	2012年6月第1次
开　本	889mm×1194mm　1/32
印　张	4印张
字　数	102千字
定　价	48.00元

前　言

在《中国花卉报》从事园林绿化报道十来年，跑遍了各地的绿化工程，转遍了世博会、世园会、园博会、绿博会、花博会等各类会展期间各有千秋的园林作品，最欣喜的时刻莫过于看到让人心动的园林美景，此时我的相机会啪啪啪为我记录下所有让人耳目一新的整体和细部。本套丛书与大家分享的就是这些曾经引起作者注意的园林作品，有全局的，有细部的，有以设计出新的，有以施工见长的，有材料别致新颖的，有功能丰富多样的，更有注重绿色环保的。

总结这么多年来积累的园林素材，凡是精品园林工程不仅需要设计师创新又科学缜密的设计方案，更需要施工单位精雕细琢的细节把握。无论对设计师还是施工单位而言，创新是永恒的主题，创新靠什么，无外乎在设计理念、设计手法、施工工艺以及施工材料等方面的探索。作为一名新闻工作者，十多年来以独特的新闻视角拍摄了大量园林素材，并从中选取能代表或体现绿色、低碳、环保、生态等时代潮流理念的图片编辑成册。本套丛书共收录了各种彩色园林素材图片5000余张，并按照园林的构成要素分成6册，即《园林水景·园桥·护栏图例》、《门牌楼·景墙·亭廊图例》、《假山·置石·园墙·台阶·花架图例》、《园林地形·铺装·树池图例》、《园林标识·园灯图例》以及《园林新家具·园凳·清洁箱图例》，每册图书除对各大类进行了总体评述外，还对其中有代表性的图片进行了解释和点评。该套丛书从总体布局、细部处理、式样构思、材料选择及色彩应用，都力求为广大园林工作者提供有益的借鉴，相信对设计师和施工单位开拓思路均会有所启迪。

本书不仅可供从事园林设计、施工单位的园林工作人员使用，还适用于从事园林设施、园林材料生产单位参考，同时也便于园林科研、教学单位的广大师生开拓眼界，作为教学参考使用。

鉴于作者经验和学识有限，书中难免有疏漏之处，还望读者批评指正。

书中部分图片由石春鸿、张建国、李婷婷、印芳、闫慧、范敏、雷淑香、李亮等提供，在此一并表示衷心感谢。

目　录

　　造园须有山，无山难以成园。山景是构成中国园林的五大要素之首，我国现存的皇家园林和私家园林，无一例外都有假山的堆筑。假山是以土、石等为材料，以自然山水为蓝本并加以艺术提炼与夸张，用人工再造的山水景物。假山不仅构成了园林主景或地形骨架，还可划分和组织园林空间，增加园林层次感。由于假山易于和周围景物协调统一，可与园林建筑、园路、场地和园林植物组合成富于变化的景致，减少人工气氛，增添自然生趣。假山堆筑的好坏直接影响着全园的景观。

　　无园不石，置石是园林中不可或缺的的构景要素。"山令人古，水令人远，石令人静"，园中置石虽是一种静物，却具有一种动势，能够用简单的形式，体现较深的意境，达到"寸石生情"的艺术效果，不仅具有独特的观赏价值，而且能陶冶情操，给人以娴静优雅的精神享受。

　　根据建筑材料和形式，园墙可分为片石垛挡墙、浆砌石挡墙、混凝土或钢筋混凝土挡墙以及干垒砌块挡墙等。片石垛可就地取材，施工简单，透水性好，适用于滑动面在坡脚以下不深的中小型滑坡。浆砌石挡墙与混凝土挡墙仅仅只起到防止水土流失的作用。干垒砌块挡墙是近年新兴的生态挡土墙，是岩土工程与环境工程相结合的产物。台阶是园林景观中解决高差问题的重要手段，是一种最简单、最常见的空间过渡形式。

　　花架是攀援植物进行垂直绿化的载体，也是园林建筑的一种。作为园林空间的点缀，花架体量虽然不大，但因为和植物的紧密契合，可营造出更为生动鲜活的景观画面，是最接近于自然的园林小品。花架在园林中应用颇广，公园、街道、居住区绿地、私家庭院甚至屋顶绿化中都有花架布置。

假山

JIASHAN

假山
JIASHAN

造园须有山，无山难以成园。山景是构成中国园林的五大要素之首，我国现存的皇家园林和私家园林，无一例外都有假山的堆筑。假山是以土、石等为材料，以自然山水为蓝本并加以艺术提炼与夸张，用人工再造的山水景物。假山不仅构成了园林主景或地形骨架，还可划分和组织园林空间，增加园林层次感。由于假山易于和周围景物协调统一，可与园林建筑、园路、场地和园林植物组合成富于变化的景致，减少人工气氛，增添自然生趣。

与中国传统山水画一脉相承的假山艺术，其最根本的原则是"有真为假，做假成真"。大自然的山水是假山创作的艺术源泉和依据。假山的组合形态分为山体和水体。山体包括峰、峦、顶、岭、谷、壑、岗、壁、岩、岫、洞、坞、麓、台、磴道和栈道；水体包括泉、瀑、潭、溪、涧、池、矶和汀石等。筑山时山水宜结合一体，才相得益彰。假山的叠石技法因地域不同，常将其分成北、南两派，即以北京为中心的北方流派和以太湖流域为中心的江南流派。但是不管哪个流派，在塑造假山时均遵循混假于真、宾主分明、兼顾三远、依皴合山四大理法，使所筑假山远观有"势"，近看有"质"。在工程结构方面要求有稳固耐久的基础，递层而起，石间互咬，等分平衡，达到"其状可骇，万无一失"的效果。

假山的材料有两种，一种是天然的山石材料，仅在人工砌叠山石时以水泥作胶结材料，以混凝土作基础而已；还有一种是人工塑料翻模成型的假山，又称"塑石山"。用天然的山石材料筑山时选择堆叠假山的石块非常重要，叠山石最有名要数太湖石、英石、灵璧石、黄蜡石四大奇石，其他还有斧劈石、千层石、钟乳石、宜兴石、岘山石、石笋石、花岗岩等。由于天然山石资源有限，体重、施工难度大，人工塑石假山开始越来越多出现在园林景观中。

人工塑石假山是在现代施工技术及人造石材料的发展基础上发展起来的一项工艺，这一新工艺使得设计师创作丰富多彩的山石景观成为可能，展现出现代假山制作多元化、综合化的趋势。

人工塑石假山以GRC玻璃纤维强化水泥人造岩石塑成，其主要成分是由耐碱玻璃纤维、沙、水泥及添加剂组成。这种材料可在工厂采用先进的岩石复制技术及设备预先制成岩石板材，施工时再根据设计师的要求对板材进行切割、拼装及上色就可完成。该材料具有重量轻、任意造型、可选择颜色及成本低等特点，其真实性与天然岩石非常接近，可以假乱真，节省大量天然岩石，是一种环保新产品。在非产石地区布置山石景时、当塑造难以采运和堆叠的巨型奇石时、在重量很大的巨型山石不宜进入的场地，均可采用人工塑山工艺，不仅成本低、施工灵活方便，而且可以预留位置栽培植物。对于那些大型塑山项目，山体的内部空间也是可以利用的，可开发成工具房、民工用房等。

不过人工塑造的山与自然山石相比，有干枯、缺少生气的缺点，因此在设计时要多考虑绿化与泉水的配合，也可用少量天然石材与塑石配合进行造型设计，真中含假，假中有真，既节省石材，又减少了塑石的人工味，不失为一种良策。

"片石峥嵘"之画意是假山建造的自然之理。

假山的石头可以是真的石材，但大部分用混凝土浇筑而成。

假山

假山

假山山石的种类很多，有太湖石、青石、钟乳石、黄石等。

假山山体内部结构形成有多种，有环透结构、层叠结构、竖立结构和填充结构等。

假山

山石与植物的完美搭配，迎春下垂的枝柔化了石质的坚硬。

山水与花木的组合可成为艺术品。

层叠结构的假山山体（右上）。

千层石堆砌的假山层层叠叠，颇具艺术美感。

假山

小型假山倚花墙而设，讲求精致。

假山山顶造型也分多种，有峰顶式、峦顶式、岩顶式和平山顶式。

假山

假山

大型山水景观，用的是层积石，纹理清晰，仿佛水波冲刷而成（下）。

假山因为有水，才显得有灵气。

假
山

假山

叠石掇山，虽石无定形，但山有定法，"法"就是山的脉络气势。

假山和水景相结合，可营造跌水、瀑布等景致。

假山

一家宾馆的假山，用通透的灵璧石筑成（下）。

大型灵璧石可独石成景。

水面危险
请勿靠近

假山

假山根据特征可分为仿真型、写意型、盆景型、实用型、透漏型等。

采用塑石工艺制作的假山石，质地轻，易运输，同时避免了对山石资源的过度开发。

假山

假山

直立的斧劈石往往作为营造石林景观的石材。

塑山石等人造材料都能达到天然石的效果。

假
山

塑石山工艺塑造的假山，效果与真石无二。

再造石是用废石粉为主材加工而成的环保材料，有石的质感，无需开拓山石。

假山

塑石假山还可专为植物生长设计栽植穴，风景更加宜人。

大型塑石山的内部空间作为工具房、民工用房等。

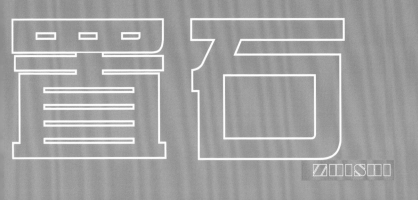

置石

ZHISHI

置石

ZHISHI

　　无园不石，置石是园林中不可或缺的的构景要素。"山令人古，水令人远，石令人静"，园中置石虽是一种静物，却具有一种动势，能够用简单的形式，体现较深的意境，达到"寸石生情"的艺术效果，不仅具有独特的观赏价值，而且能陶冶情操，给人以娴静优雅的精神享受。

　　园林中用于置石的山石品类极其繁多，著名的有太湖石、灵璧石、英石、黄蜡石四大奇石，此外还有青云片、象皮石、石笋和剑石、木化石等。太湖石是一种石灰岩，因主产于太湖而得名。好的湖石有大小不同、变化丰富的窝或洞，有时窝洞相套，疏密相通，石面上还形成沟缝坳坎，纹理纵横。产于北京房山区的房山石因某些方面像太湖石，因此亦称北太湖石，它虽不像南太湖石那样玲珑剔透，但端庄深厚典雅，别具一番风韵，北方园林中应用甚广。灵璧石产于安徽灵璧县磬山，石产土中，被赤泥渍满，扣之铿然有声，石面有坳坎变化。灵璧石掇成的山石小品，峥岩透空，多有婉转之势。英石产于广东英德市，石产溪水中，有峰、峦、嵌空穿眼，宛转相通，其质稍润，扣之微有声。黄蜡石，因石表层内蜡状质感色感而得名，韧性强，是岭南人的最爱。木化石是古代树木的化石……

　　置石是以石材或仿石材布置成自然岩石裸露景观，用以点缀风景园林空间，还可结合挡土墙、护坡、驳岸、汀石、花台以及家具器设等应用。置石手法有特置、对置、散置、山石器设及山石花台等。特置又称孤置，江南又称"立峰"，多以整块体量巨大、造型奇特和质地、色彩特殊的石材作成。常用作园林入口的障景和对景，漏窗的对景。这种石也可置于廊间、亭下、水边，作为局部空间的构景中心。特置也可以小拼大，不一定都是整块的立峰。对置指在建筑物前两旁对称地布置两块山石，以陪衬环境，丰富景色。散置又称散点，常用于布置内庭或散点于山坡、池岸作护坡。山石器设指的是以石材作石屏风、石栏、石桌、石几、石凳、石床等，既有实用功能，又可增添园林风光。山石花台是用山石作成花台，种植牡丹、芍药、鸡爪槭、竹、南天竺等观赏植物，需安排合宜的观赏高度，使花木、山石相得益彰。在园林中，置石常同园林建筑相结合，如抱角、镶隅是为了减少墙角线条平板呆滞的感觉而增加自然生动的气氛。

近年来，随着开山采石的被禁止，传统叠石所需的山石材料越来越少，这使得人工塑石应用越来越广，尤其是在不产石材地区，人工塑石成为经济又环保的方法。人工塑石工艺既可塑造出用作特置的大型山石，也可塑出用作散置的连片山石景观效果，还可塑造出一个个独立的小型山石、卵石效果，此法不受天然石材形状的限制，可随意造型。欧美等国家地区早在上世纪80年代已广泛应用人工塑石用作园林造景。随着国内塑石工艺的改进，其拟石效果将更加逼真，成本也逐年降低，这一新型环保材料的应用和推广已成为园林造景的趋势。

大型风景石可作为独立石景观，其上纹理犹如风景画。

置石的方式很多，对置、散置、群置、孤置等，手法不同，风格不同。

置石

黄石温润有光泽，常作为高档别墅景区用石（左中）。

置石与花草搭配，更显自然野趣。

往日具有实用功能的石碾如今成为农家乐的一景（左上）。

群置的置石，山野风味浓郁。

置石

高高低低的分形石块是绿地上的景观，也可作为游人休憩之地。

"龙"字石林景观，石碑上汇集了从秦汉时期至现代书法家和名人题的"龙"字299个。

置石

置石

上海世博会上新西兰馆景石，孔洞密密麻麻，是从新西兰运来的景石（下）。

大型塑石景观，可根据需要翻模塑成，使得设计师的各种创意成为可能。

置石

置石

置石要根据环境要求，要将置石与地形、建筑、植物、水体、铺地等有机结合，创造多样统一的空间。

日式庭院中以三石代表三山，是常用造景手法（上右）。

观赏草与石的搭配令置石景观柔化。

水系岸边的置石，除了讲究美感，更要注意安全性。

置石

置石

对置、孤置的石头石形要求有特点而漂亮。

配石是园林中的经典搭配（上）。

置石

北京天坛公园的著名景观七星石，按北斗七星的方位排列。

置石可以展示对潜藏在自然之中的"道"与"理"的探求。

置
石

置石　置石依自然景态因势利导，水岫、裂隙、岩壑，贵在与自然环境相依互存。

西安世园会上的特色置石，是人们了解历史的窗口。

置石

置石

石组布局要均衡稳定，自然随意。

规整的置石也是一种特色。

置
石

置石

石形奇特优美是孤置石的特点。

日式园林中的龟石景观，极为奇特（上）。

置
石

置石在郁郁葱葱的树木花草中，更显自然。

前人用过的石桶、石盆也成了园林一景。

置石

置石的放置要有组织景点、呼应景点、映衬景点的功能。

置石组合水景时要考虑舟行时水面游览意境设计（左上）和步行游览设计。

置石

造型奇特的灵璧石，可独立成景。

空、透、漏的灵璧石在景观石的应用中非常普遍。

置石

在湖岸、土阜、平岗上巧放置石或在土丘上堆放置石，其章法都是以洞壑幽深取胜。

很多置石的意境都是仿自然界，岩溶蚀景观中的洞中有洞，洞中有天的洞天福地胜景。

置石

置石

自然天成的景石，具有极高的观赏价值。

置石是景观，也是标识的设计方法，自然而优美。

置石

天然纹理的景观石，要依形放置，才能与景观相得益彰。

有些景石面上的纹理仿佛山水画一般，鬼斧神工。

置石

置石

文化石传播人文理念等。

置石布置要注重扩张离散的关系。

置石

置石后面用植物与建筑物过渡，形成一个自然高低层次（上）。

置石的工艺装饰性除保留传统含义外，也具有时代感。

置石

利用置石可以形成山势的特殊性，让其实用功能行自然之趣。

人物雕塑的置石作品，坚固、大气。

置石

无论是标识性置石，还是配置性置石，都要以美化空间视野与构景为目的。

通过接近自然、观察自然、发现大自然的美来选择置石是把自然美艺术化的过程。

置石

置石 把原始的、拙朴的自然之石通过配置突出夸张的自然形象。

通过特殊的艺术化处理，烘托补充置石的自然景色。

置石

置
石

置石的大小由景观需求决定，大者逾丈，小者及寸。

置石依地理分隔点缀形成不同的艺术空间。

置石

置石大者可营造气势轩昂的效果，小者可营造"盆景"的效果。

观赏峰石不仅在传统园林中多采用，在开敞式空间放置错落有致的置石能强化景观。

置石

园墙 · 台阶

YUANQIANG · TAIJI

园墙·台阶

挡墙又称挡土墙，是为防止路基填土或山体坍塌而修筑的承受土体侧压力的墙式构筑物。园林中对挡墙的要求除能防止水土流失外，还要求能兼顾景观效果和生态环保作用。

根据建筑材料和形式，挡墙可分为片石垛挡墙、浆砌石挡墙、混凝土或钢筋混凝土挡墙以及干垒砌块挡墙等。片石垛可就地取材，施工简单，透水性好，适用于滑动面在坡脚以下不深的中小型滑坡。浆砌石挡墙与混凝土挡墙仅仅只起到防止水土流失的作用，景观效果不突出。干垒砌块挡墙是近年新兴的生态挡土墙，是岩土工程与环境工程相结合的产物，它兼顾了防护与环境两方面的功效，是一种有效的护坡、固坡手段。

干垒砌块挡墙是一种柔性的透水结构，利用挡土块自身的质量和其后加筋网片土体质量来达到稳定的目的，其优势不仅体现在生态环保上，还具有卓越的景观效果和经济性能。在挡土砌块原材料的选用上，用的是低碱水泥，而且在产品压制成型过程中添加了木质醋酸纤维，可与水泥的碱性中和，使墙体周边环境趋于中性，有利于动植物的存活。在结构设计上，生态挡土砌块具有自锁结构，保证了每一砌块的位置准确并避免发生侧向移动，此结构无需砂浆施工，而是用砌块干垒，依靠块与块之间嵌固作用、墙身质量和加筋土质量来防止滑动和倾覆失稳，利于排水和水土交换。在景观效果上，由于挡土块是工厂预制成型，里面可添加各种色彩的颜料，以满足不同环境对挡土墙景观效果的需要，挡土墙修筑完成后产生的序列感，可达到宏伟壮观的视觉效果。

干垒砌块挡土墙形式多样，造型美观，耐久性好，可适应小规模沉降，不仅施工简便快捷，且可重复使用，与传统挡土墙比较，其综合成本低。其所具有的块体结构决定了其对环境的高度适应性，不仅在交通、水利上大范围应用，而且在园林景观、高速公路、立交桥和护坡、小区水岸等得以推广。

台阶是园林景观中解决高差问题的重要手段，是一种最简单、最常见的空间过渡形式。通过拾级而上的台阶，人们可以从一个空间转到另一个空间。在相对狭窄和拥挤的空间，台阶比坡道更利于安全，具有较明显的优势。台阶设计可以与水景、雕塑、石景、植物以及园林构筑物相结合，往往通过有规律或无规律的直线和曲线营造出动人的韵律感和形式美。

台阶所用材料有石、砖、木、混凝土等材料。材料的选择需考虑台阶的使用功能，当其同时兼作休息和下沉广场的表演看台时，应注意其材质选择更人性化，可适当考虑木材、砖等材料。台阶用材同时还应注意防滑，防积水等。此外，在较宽敞的空间设计台阶时，还应适当安排无障碍坡道，以满足残疾人行车需求。

园墙

毛石挡墙的粗犷，适用于自然或园林景观。

石笼网挡墙既利用了废弃砖石，效果也突出。

园
墙

挡墙与垂蔓植物搭配，可柔化硬质挡墙的生硬感。

干垒挡土墙施工简单快捷，造型美观大方（上左）。

挡墙的材料丰富多样，石是最常用的材料之一。

石块砌成的挡墙，一般应用于稳固性要求高的环境。

砖块也是挡墙常用的材料（上）。

日本一公园内石砖与木栅栏相结合砌成的挡墙（下）。

台
阶

台阶设计可规整，可随意，方便行人通过为主要目标。

台阶设计时需考虑残疾人通行需要，可在宽大的台阶旁设坡道，也可设计成小阶坡道。

台阶

台
阶

红砖砌筑的台阶，在景园中效果独特。

窄窄的石阶绿植葱笼，富有生机。

石阶旁种植一丛蕨，让生硬的石阶变得富有生气（下）。

①利用森林公园间伐下的树木枝干制作的木质生态阶梯，易于融入环境，环保又生态（上中）。
②宽大的台阶间设计绿植种植区，平添几分生机（下）。

台阶

花架
HUAJIA

花架是攀援植物进行垂直绿化的载体，也是园林建筑的一种。作为园林空间的点缀，花架体量虽然不大，但因为和植物的紧密契合，可营造出更为生动鲜活的景观画面，是最接近自然的园林小品。花架在园林中应用颇广，公园、街道、居住区绿地、私家庭院甚至屋顶绿化中都有花架布置。

园林花架即可独立成景，又可依附于建筑物，成为建筑空间的延续。按其空间布局可分为独立式花架，和依附式花架。独立式花架包括廊式花架、亭式花架、立式花架、植物造型花架和艺术花架，依附式花架包括挑檐式花架和组合式花架。廊式花架具有类似园林中廊的功能和布局，可分隔空间，形成导游路线，具体又有梁架式、单排柱式、双排挂式、单挑式、阶梯式以及拱门式之分；亭式花架造型类似园林小亭，只要在地上立一根石柱或一组支柱，其上缀以小枋即成，小枋可做成圆形、半圆形、正方形、伞形、扇形、放射形和蘑菇形等形式，适于作为点景布置在园林中；立式花架的观赏面在竖直面上，如木格交叉而成的片式花架、用作园林门的门式花架和花墙式花架。植物造型花架是以花瓶、动物等做成造型骨架，待攀援植物攀援而上就成为绿雕，颇为别致；艺术花架多见于家庭摆设的铁艺花架，现代公共园林中也开始应用，一般是用金属或混凝土先预制出一定的形状，中间留有摆放或悬挂花盆的地方；挑檐式花架是指棚架的石枋或木横梁的一端镶嵌在屋檐下墙垣里的一种花架形式，多作为室内空间向室外空间的过渡；组合式花架常与亭廊、建筑入口、小卖部等结合，具有实用功能。

园林花架的材质多种多样，传统的有竹木、金属、砖木、钢筋混凝土，随着材料技术的研发，近年防腐木、仿竹木、PVC、玻璃钢等新型材料也加入花架材料大军中。在设计时，应依据周边环境、花架体量以及攀援植物的特点来选择不同的材质，砖木、钢筋混凝土适合大型花架，竹木、金属以及PVC材料适合体量小的轻盈花架。紫藤枝粗叶茂，是大型攀援缘植物，因而花架宜采用负荷大、永久性的材料，砖木、钢筋混凝土结构的大型花架。铁线莲、金银花则宜选择竹木、PVC等材质轻颖、时尚美观的园林花架。

园林花架可应用于各种类型的园林绿地中，常设置在风景优美的地方供休息和点景，也可和亭、廊、水榭等结合，组成外形美观的园林建筑群；在居住区，绿地花架可供休息、遮荫、纳凉；用格子垣攀援藤本植物，可分隔景物。园林中可用花架作园林的大门，也可用花架搭成凉棚结合茶室、冷饮部、餐厅等的开设，为人们开辟环境优美的休息娱乐空间。

花架

木质花架轻巧，是植物攀爬的依托。

钢制花架厚重结实，除攀援植物外，还可兼作林荫停车场。

花
架

花架

木质花架质朴典雅，易与环境融合，是常见的花架材料。

花架的设计应注意其与周边环境的协调，特别是植物景观的配植。

花
架

花架

弧形钢制花架可作为紫藤等大型攀援植物的载体，也是很好的公园入口。

木格栅花架可垂挂小型攀援植物。螺旋形立体花架造型别致，作立体栽培装置兼具景观效果。

花架

花架

花架形式多种多样，除传统的架构造型外，还可设计成大型花篮、单柱支撑等形式。

常与花架搭配的攀援植物常有：常春藤、紫藤、茑萝、木香、凌霄、云实等。

花
架

水泥柱形花架结实耐用，只是景观效果差些，表面可涂漆装饰。

花架的功能除提供休憩、社交场地外，也有分隔空间，障景的作用。

花架

花架

竹木是搭设花架的良好材料，可随意设计成动物造型，植物爬满后就成为一座绿雕。

花架也可与墙体结合，成为造景要素。

花架

大型圆柱形花架，适用于面积较大、较空旷的广场。

在公共空间中，花架常设置在道路、广场等处。

花架

花架

配合花池设计的菱形花架比较别致。

亭顶造型的花架是塑造绿色凉亭的好办法。

花
架

花架

除防腐木外，塑木材料也是制作花架的环保材料，该类材料可回收循环利用。

石与木结合的单面花架。

花架

用竹筒设计的柱状花架，筒内可种植物。
花架除用作植物攀爬架外，也可悬挂垂吊植物和花钵。